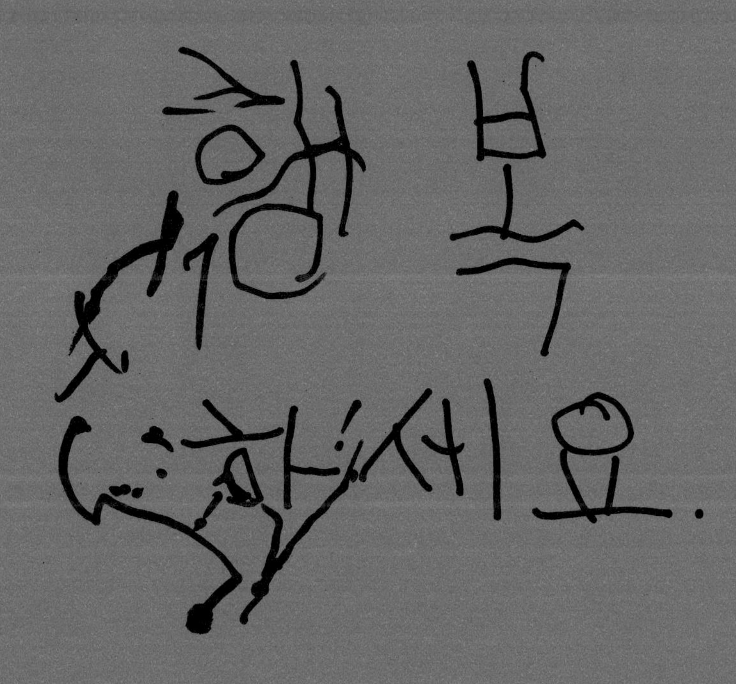

一定要幸福啊!

福宝小爷爷宋宝讲述
“小墩墩”福宝的幸福“熊生”

全知福宝视角

韩国爱宝乐园
〔韩〕宋永宽 ◎著
〔韩〕柳汀勋 ◎摄
四喜 小黄蓝 ◎译

北京科学技术出版社

我之所以成为宝物，是因为可以给大家带来幸福。

看到幸福的你，我也感到十分幸福。

请记住，

我们都是某个人的“福宝”。

不可思议的熊猫世界

我的家人

妈妈爱宝

我的妈妈是爱宝，她的名字的寓意是“可爱的宝物”。她有着非常温暖的怀抱，把我养育得很坚强！有人称她是世界上最漂亮的大熊猫。我的妈妈有出众的外貌和温和的性格。平时的她冷静而谨慎，但一生气就会变得非常可怕，每到这时候，我甚至都不敢出现在她的面前。和妈妈摔跤或者玩闹的时候，一定要注意不能“越界”。妈妈主要用左手吃竹子，她不挑食，什么都喜欢吃，我也在努力学习妈妈的食性。虽然现在妈妈吃上了喜欢的竹子，已经完全适应了韩国的生活，但我听说妈妈刚从中国来到韩国的时候，因为很难找到爱吃的竹子，所以受了很多苦。嗯？你说你是第一次来爱宝乐园，不知道哪个是我的妈妈吗？背后的黑色花纹呈“U”字形的大熊猫就是我最爱的妈妈爱宝呀。

现在由我来介绍生活在韩国龙仁市爱宝乐园动物园熊猫世界的“相亲相爱一家熊”吧！
爸爸妈妈和我长得几乎一模一样，有人可能会混淆，请一定打起精神，注意分辨哟！

爸爸乐宝

名字寓意着“带来喜悦的宝物”的乐宝，就是我的爸爸。他是世界上最帅气的大熊猫，听说我可爱的鼻子就是随了爸爸呢。爸爸喜欢独自生活，虽然他有时候看起来很孤独，但我听说他是一只享受孤独的浪漫大熊猫。爸爸说他最爱的是妈妈，而且因为太爱妈妈了，所以一直忍着想见面的心，只在一年中阳光最温暖的日子去找妈妈。其实我没有见过我的爸爸，直到3岁的时候，我才知道爸爸就住在我的隔壁。为了全世界最漂亮的妈妈和全世界最可爱的女儿的幸福，他一直守护着我们。爸爸希望我长大后成为像妈妈那样的大熊猫。他超酷吧？爸爸最讨厌的事情是吃用谷物做成的营养面包“窝头”时塞牙，他说这会让他的牙齿变黄。他很在意自己的牙齿，所以他吃完“窝头”之后会花很长时间清理牙缝。看来我得拜托小爷爷做一支爸爸专用的牙刷了。对了，我的爸爸有着雕塑般的脸庞和匀称的身材，脚上长着充满野性美的毛毛。如果你看完这样的描述还分不清谁是我的爸爸，那就请你留意一下背后黑色花纹呈“V”字形的大熊猫吧！

小爷爷宋宝

现在我来介绍一下我特别的小爷爷宋宝，听说在我出生前很早的时候，小爷爷就给自己取了“宋宝”这个别名！在爸爸妈妈来韩国之前，他提前装扮了我们生活的熊猫世界。小爷爷经常用各种方式来表达对我的爱，我可以从他的指尖、语气、表情和眼神中感受到。我到现在都记得他第一次把我抱进怀里的时候，他那扑通扑通的心跳！有时候他会亲亲我，那时我想告诉他，我可以感受到他的心情！小爷爷说随着我的出生，很多东西都发生了变化，虽然他要做的事情变多了，变得很忙碌，但是因为我，他也有了一个坚定的信念，那就是将我和我家人的故事用文字和照片传达给全世界的人。请期待宋宝给大家讲述的充满喜悦、爱和幸福的宝贵的故事吧，我得好好关注了！

小可爱福宝

我的名字叫福宝，寓意是“带来幸福的宝物”，我总是我们家族的中心，担任着“宝家族”的桥梁的角色，我就是所谓的“大势”[1]，哈哈！我在2020年7月20日晚上9点49分以“公主”的身份出生了。在出生前的121天中，我在妈妈的肚子里感受到了满满的爱意，长成了胖乎乎的“幸福团子”，而且我出生后也在持续变得“圆润”。啊，对了！听说全世界睁眼最快的大熊猫就是我哟，我也因此成了非常特别的大熊猫。我喜欢好好吃饭、好好睡觉，享受爬上高树的刺激的冒险。我还会卷起身体翻滚——人们说看着那样的我感到很幸福，而我看着那样的他们，也感到很幸福。我长大后会成为像妈妈那样漂亮的大熊猫，然后遇到像爸爸那样的大熊猫，我也会愉快地度过每一天，请大家拭目以待吧！

①在韩语中，“大势”（대세）指非常有人气。——译者注

目录

第1章 今天的我也很可爱，我是福宝！

幸福现在正在“充电”呢！

第3章 今天又长毛啦！毛茸茸、胖乎乎

第4章

请告诉我，你有多爱今天的我

第1章

今天的我也很可爱，我是福宝！

带来幸福的宝物——福宝

我真的很漂亮

大家好，我就问大家一件事，我漂亮还是不漂亮啊？这边的朋友，谢谢你们夸我漂亮！那边的朋友，谢谢你们夸我可爱！啊，这个吗？这是和我有相同名字的玫瑰——“福宝玫瑰”！在我生活的地方，有一个很大的院子，那里有一位打理院子的“玫瑰博士”，为了纪念我出生，他用我的名字命名了一种叫作“永生花玫瑰”（EVERrose）的玫瑰，这是他为了嗅觉敏感的我研发出的有着淡淡香味的玫瑰！我真的很感谢这位“玫瑰博士”！我得找个时间送他一束对身体好的竹子花束了。听完这个故事后，我是不是看起来更漂亮了呀？对了，请不要误会！我不是因为“福宝玫瑰”才看起来漂亮，而是漂亮的我让“福宝玫瑰”显得更加特别哟。那什么，我呢，是带来幸福的宝物——福宝。我会继续成长，变得比现在更漂亮！

妈妈的怀抱

我都记得

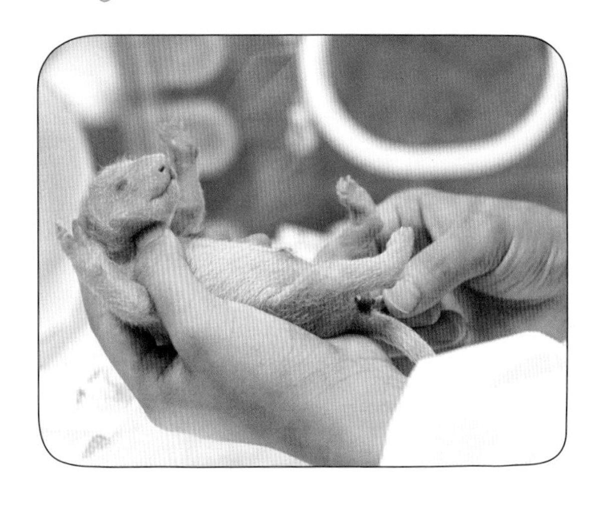

要看看我小时候的照片吗？那时候的我还是个 197 克的小不点儿，因为毛发还没有长出来，眼睛也睁不开，自己什么都做不了，所以要在全世界最柔软、最有安全感的妈妈爱宝的怀抱里接受温暖的照料。托妈妈的福，我一天天健康地长大了。我听说可爱的妈妈为了照顾那样的我，要长时间在同一个位置保持着同一个姿势。在那期间，妈妈的后背都受伤了，妈妈应该很疼吧……但是她依然在照顾我，直到我可以自己走路。妈妈温暖的怀抱是我生命开始的地方，虽然现在我和妈妈分开了，但是一想到妈妈，我就能感受到那份爱，心里会感到温暖而舒服，感谢妈妈把我培养成能独自完成所有事情的幸福的大熊猫。

体检日

我也是小淑女

到了检查我有多健康的日子了，看来今天是小爷爷宋宝来帮助我检查身体呢。我听说要测量我的体重、身高、腹围、颈围、头围，还有前脚和后脚的长度，然后将这些数据跟其他大熊猫宝宝的记录进行比较。我就算还是个小朋友，也会对公开淑女的身体数据感到很害羞的呀。嘘，那就只保密体重数据可以吗？好吗？

我快要掉下去啦，请换一个更适合胖墩墩的我的篮子吧！

你发现我那像米粒一般小而珍贵的下牙（虽然它可能不值一提）了吗？

小懒虫福宝

我最喜欢吃饭和睡觉啦!

好好吃饭、好好睡觉非常重要。

吃饭有多重要，睡觉就有多重要;睡觉有多重要，吃饭也就有多重要。

因为只有好好吃饭才能好好睡觉，好好睡觉才能好好吃饭。

我一天大概有一半的时间在吃饭中度过，剩下的一半在睡觉中度过。

不管怎样，对我来说，好好吃饭、好好睡觉是最重要的!

所以，我会一直保持着这个习惯到老。

母传女承

我睡觉的时候，妈妈在干嘛呢？

我呢，就算在睡觉的时候也是和妈妈母女连心的，看了我们睡觉的样子你就知道啦。小爷爷宋宝看着那样的我们说，妈妈是“大熊猫”，我还是“大熊苗”。什么？明明我们都是大熊猫，我怎么只是“大熊苗”呢？不知道他说的是什么意思。

妈妈呢，在确认我熟睡之后，才会悄悄起来，静静地吃饭。看来妈妈就算在吃饭时也特别在意我呢。如果我在说梦话或者只是翻个身，她也会停止吃饭，看我有没有事，许久之后才继续吃饭。我呢，为了让妈妈放心地吃饭，会假装安静地睡着。不过，有时也会出现因为我忍不住打喷嚏，把吃着饭的妈妈吓了一跳的情况。嘿嘿，怎么样呀？就算这样我也很了不起吧？

啊！看来妈妈吃完饭了，回到我身边了呢。这次我和妈妈说好了，一起往左边躺，咻咻！

牙齿精灵

以旧牙换新牙

我现在在给牙齿精灵写信呢，我要用旧牙跟你换新牙，嘿嘿！长乳牙的时候，嘴巴里特别痒，这个时候咬一咬合适大小的木头就会感觉非常舒爽。今天是这个家伙“中奖”了呢，嗷嗷！嗷嗷！现在妈妈正在吃竹子。要是乳牙全掉完，换成了结实的新牙，我就能给你展示和妈妈并排坐着吃美味的竹子的样子啦。那时候，我就可以和妈妈比赛，看谁吃得更漂亮，谁吃得更香，谁吃得更多了吧？希望那一天快快到来……稍等一下，这里有妈妈的气味，我感觉有妈妈写的信呢。虽然我现在还不会读妈妈留下的“气味信”，但是我正在慢慢学着理解它们。到处都有妈妈写的信。在这个世界上，我要学的东西真是太多啦！

成为野生大熊猫的第一步

我正在练习爬树。妈妈说过，想要爬树爬得好，就需要一直练习。现在爬不好，总是“哐”地掉下来是理所当然的。妈妈说，危险来临时，树上是最安全的地方。我不会放弃的。鼓起勇气爬上树，暂时把身体托付给树，危险应该很快就会过去了吧？之后我再回到树下，度过幸福的时光就可以了。嗯？不要担心哦，虽然我的体重没有我想象中的那么轻，但是树枝比我想象中的更结实，树枝是不会断的。只有一步步抓好，我才能爬到更高的地方。危险随时可能来临，每一刻都不放松警惕的我，就是野生大熊猫福宝！

竹伞和棒棒糖

要说宋宝的礼物有多浪漫的话

宋宝的手艺非常棒。每当我感到无聊的时候，他就会用我喜欢的材料做礼物，然后送给我。下着雨的某一天，他说想看打伞的福宝，就把用竹子和胡萝卜做的伞放在了我手里。

在要给喜欢的人送糖果并告白的那一天，他送了我用竹子和胡萝卜做的棒棒糖。你问我棒棒糖好吃吗？真是的，你不知道它有多甜呢！陶醉在糖果的甜蜜香气中的白粉蝶都飞过来“坐下”了！我们都吓了一跳！是真的哟！

咔嚓咔嚓

我有点儿好奇

嗯？宋宝又来了，最近他总是拿着一个方形的、手掌大小的东西对着我，吸引我的视线，像是想让我看着那里。我不知道那个东西到底是什么，当我偶尔和它对视，或者在我张大嘴巴的时候，我会听到“咔嚓咔嚓”的声音。之后宋宝会非常开心地看着这个方形物品的反面。从他的眼神和表情中，我可以感受到他真的觉得我很可爱，所以我也很开心。我好像送了他一份很不错的礼物，明天我要用更多的表情和动作让他开心。这样的日子越来越多了，我感到非常幸福。对了，我一直对那个方形物品的反面很好奇。

自拍模式

为了满足我对那个方形物品的好奇心，宋宝出面了！他让我看了那个物品的反面。我吓了一大跳，反面的屏幕里有一个黑毛和白毛相间的、小小的、圆圆的，还有点儿脏兮兮的可爱的小家伙，她用惊讶的眼神盯着我看！真的好神奇啊，那个小小的物品里不仅有那个小家伙，还有那个小家伙生活的村子。那么小的屏幕怎么会装下那么大的世界呢？我因为太好奇了，所以一直盯着屏幕看，不知道那里面的小家伙是不是也和我一样的想法，毕竟她一直用惊讶的眼神盯着我看呢。

现在我知道啦，那个小家伙就是我，她身后的世界就是我生活的地方，那个方形物品让我看到了宋宝和我在一起的样子，他安抚着惊慌失措的我，亲切地告诉了我，那个小小的大熊猫就是胖墩墩的福宝。嘿嘿，现在我很享受和他一起用那个方形物品冒险的感觉！

满脑子只有苹果

我今天是不会回家的！今天工作结束后要玩什么，我都已经计划好了哟。那么，请你听听看吧。首先，我要去户外吃苹果，轻快地散个步。然后，我要吃竹子，还要一边吃苹果一边玩水，再爬到榉树的树顶看夕阳西下……不知道为什么，我好像会边吃苹果边欣赏美景了！我和生活在村子里的朋友们——嘎宝[1]、啾啾宝[2]、咕咕宝[3]约好了，要边吃苹果边欣赏落日。等一下，这是哪里呀？这是回家的路呢……总觉得家里有香甜的苹果在等着我。看来，我得取消和朋友们的约定了。我应该向朋友们道歉……吧？今天不知道为什么，满脑子都是苹果、苹果、苹果，苹果果然很好吃！

①即喜鹊。——译者注

②即麻雀。——译者注

③即鸽子。——译者注

双层床 1

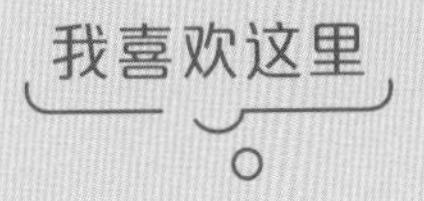

我喜欢这里。这是妈妈和我一起使用的双层床，我喜欢睡在二层，妈妈喜欢睡在一层。因为睡在高高的二层就可以做充满了冒险的梦，所以我很喜欢在这里睡觉。其实对小个子的我来说，爬上二层就是一次冒险，嘿嘿。因为我比较娇小，所以和妈妈一起使用二层其实也没有关系。但是妈妈觉得一层比较舒服。其实我知道的，我在二层睡着的话，妈妈会静悄悄地上来确认睡着的我的情况，偶尔躺在我旁边一起睡一会儿，再悄咪咪地下去。我很喜欢这个地方，因为我和妈妈在一起。

成为妈妈的女儿

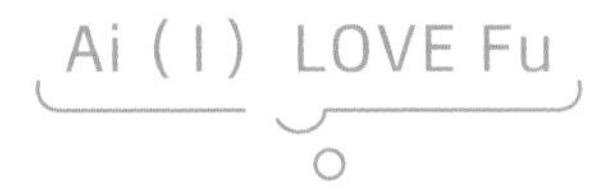

妈妈的爱是付出一切，哪有什么条件呢？看到福宝健康成长，我就已经很满足了。因为我是第一次当妈妈，所以在育儿方面不是很熟练。每次想到严厉地对待孩子的瞬间，我总会感到抱歉。和福宝在同一个空间里呼吸，看她健康成长，这对我来说就是很大的幸运和幸福，我只希望福宝记住我是一个好妈妈。

孩子很神奇，对吧。孩子的眼睛就像时光机的按钮一样。当我和孩子对视，相互望去的时候，当我看到只相信我的那双纯真的眼睛的时候，时常会在孩子身上看到小时候的我的样子。看着孩子的我，抚摸孩子的我，脑海中也会浮现出我的妈妈的样子。她也曾用充满无限爱意的眼神看着我，向我伸出充满无限爱意的手，为我付出了一切。看着成长着的我，妈妈应该和现在的我有一样的想法，和我感受着一样的情绪吧。我想我的妈妈应该也是以这种心情把我养大的吧。不知不觉间，我成了怀着迟来的思念生活的女儿，也成了福宝的妈妈。

是啊，哪需要什么条件呀。这就是妈妈和女儿的关系。今天想问记忆中的妈妈好多好多事情，也想得到很多很多称赞。妈妈，我表现得还不错吧？

我也应该对未来能做好这一切的福宝提前说：“妈妈非常爱你，也会一直为你加油的。”

从小就是明星！

我的经纪人是宋宝

你是通过优兔（YouTube）看熊猫世界的“宝家族”的吗？看到了我们的日常后，你的一天也充满了幸福吗？看来这些节目真的很有意义呢！大家竟然在我出生后一直关注着我的迅速成长。真的很感谢！什么？啊，我听说过那个节目的名字……让我参演那个节目吗？请稍等一下，我得和我的经纪人宋宝商量一下。宋宝是我的专职摄影师兼经纪人！他让我的每一天都过得更加幸福！宋宝说过，我从小就有明星气质，不知道多会找镜头呢！真的很神奇。

我们怎么样呀？是梦幻搭档吧？

福宝和宋宝，想永远一起拍“熊猫和宋”①！

①指宋永宽饲养员在优兔上更新的节目《熊猫和宋》”(판다와송)，本节目也可译为《熊猫来了》。在韩语中，“和宋”和“来了”是谐音。——译者注

幸福守恒法则

请珍惜点滴的幸福

不好意思，今天就给大家看这些吧。

如果一次看完我耀眼的美貌，

小心闪到眼睛哟。

竹夫人使用法

幸福是不会被蜂斗菜遮住的

宋宝为怕热的我做了一个竹夫人[1]。如果抱着竹夫人睡觉，风就会穿进竹条的空隙中，非常凉快。因为有熟悉的竹香，所以我觉得抱着它非常舒适、清爽。我抱着木头睡觉会出汗，所以需要经常变换姿势。而抱着竹夫人睡觉的话，我就可以不用换姿势了，所以我很喜欢这个竹夫人。托宋宝的福，我学到了很多神奇的知识。

①民间夏日取凉用具。——译者注

阳光有点刺眼，我正想着需要一个睡眠眼罩呢，宋宝就用蜂斗菜遮住了我的眼睛和额头。他是怎么一下子察觉到我需要什么，然后给我送来的？这次要不要让他在旁边给我扇扇子呢？嘿嘿，那应该不行吧？应该会被说吧？应该会挨训吧？我会忍住调皮的冲动的。大熊猫和人类一样，也是坐着就会想躺下，躺下就会想睡觉，嘿嘿。

幸福是无法被蜂斗菜遮住的！

小墩墩量身高

因为体重比朋友们重很多，所以我被误会是小胖墩了（我再说一遍，这是误会！）。所以我决定量一下自己长高了多少，然后和同龄的朋友们比较一下。如果我比朋友们矮……好吧，那我就承认吧。但是，如果我比较高，就请叫我“小墩墩”吧（不是“小胖胖”！）。知道了吧？我好紧张呀。宋宝，你要抓好我哟！量好身高对我来说可是很重要的事情。嘘！我踮脚了，这是秘密。嘿嘿，看吧，我个子高吧？就说福宝我是“小墩墩”啦！

90cm
80cm
70cm
60cm
40cm
30cm
20cm
10cm

打扫大王福宝

啊，稍等一下，宋宝好像正在做着什么开心的事情，福宝得过去确认一下了！嘿，暂停一下，你在那里干什么呢？一个人在玩什么好玩的游戏呢？不要这样，跟我一起玩，好吗？为什么要把落叶放在篮子里啊？扫落叶的“沙沙”声让我心跳加速！把那个棍子给我吧，我来试一下。

哎呀，真是的！都说了让你把活儿给我做，我也能做好的。就是先这样，再那样，对吧？嘿嘿，我做得好吧？要不要和我手牵手一起踩落叶呀，就像跳舞那样？别害羞啊，我会好好带领你的。哎呀，你要去哪里啊，别跑呀！和我一起继续玩落叶游戏呀！你过来啊！

宋宝的“背背”

今天也给幸福“充电”了！

背上小巧玲珑的你

感觉就像是背上了

软绵绵的白色云朵

蓬松柔软的棉花糖

细嫩松软的宝宝气味

嗷嗷嗷嗷，咬来咬去

胖胖乎乎，拍拍屁股

今天也给幸福充满了电

随记

带来幸福的宝物——福宝

"嘤嘤嘤嘤嘤，嘤嘤嘤嘤！"

等待了几天几夜的饲养员们和兽医们突然从座位上站了起来，大家的视线都集中在爱宝所在的分娩室。大家这样做的原因当然是大熊猫宝宝出生了。所有人都期盼的大熊猫宝宝就这样一瞬间来到了我们身边。大熊猫宝宝第一次发出的哭声是那么响亮，让饲养员们和兽医们全身战栗。大熊猫宝宝就像是从水里跳出来的、充满活力的鱼，它也会感到不安，就像鱼要跳回水里才能平静下来一样。大熊猫宝宝对初次见到的世界感到既陌生又不适，但万幸的是，无论在谁看来，她都很健康。作为妈妈的爱宝第一次面对分娩，感受到的只能是惊慌失措。这对母女第一次确认各自的存在时，饲养员们不知道她们是否会接纳对方，分娩室内充满着紧张感。然后，爱宝舔舐了在地上扑腾着的、大声宣布自己存在的大熊猫宝宝。她像下定了决心一样，张大了颤抖的嘴巴，小心翼翼地把宝宝叼起来，坐到了门后方的角落里，把新生命抱在怀里。回到了妈妈怀抱的大熊猫宝宝，这时才恢复了平静。看到了这对母女初次相对而视，又再次融为一体后，内心充满担忧的饲养员们这才把心放下。就这样，在韩国出生的第一只大熊猫宝宝伴随着洪亮、充满活力的哭声，向全世界宣告了自己的到来。

期待已久的我看着战胜艰难过程的妈妈和对这个世界充满惊奇的宝宝，内心感到无比炙热和激动，幸福得要流出眼泪。近距离看到自己照顾的野生动物顺利分娩的场面，对饲养员来说就是最大的幸福。但是，就如同我们的生活一样，野生动物的生活并非只有幸福，当然也有悲伤——不，应该说野生动物在一边等待着无法装作不知道其存在的、总有一天会来临的悲伤，一边怀抱着紧张的感受生活着。饲养员们很清楚这一点，所以在动物们的身边时会努力保持坚强的内心。

我还记得在遇见福宝之前经历过的令人心痛的离别。在漫长的等待后，猿猴宝宝来到了世上，但并非很健康。我觉得自己不能眼睁睁地看着宝宝的病情逐渐恶化，所以决定代替妈妈照顾它。离开了妈妈怀抱的宝宝，立刻向给它喂奶的我敞开了心扉，并开始依赖我。它在我怀里睡觉，每隔几小时就会醒来一次，吵着要喝奶。看着这样的宝宝，我也有了一种仿佛真的变成了妈妈的感觉。猿猴宝宝眼中映射出的我就是它的妈妈，也是它的全世界。我和宝宝相互对视后和它做出了约定，我告诉它不要担心，我会守护它。但是，在我和宝宝之间的感情迅速升温的同时，宝宝的健康状态却急剧恶化。

在黑暗的房间里，我抱着即将度过生命最后一刻的猿猴宝宝放声大哭。我反复对它说，我没能守护好它，我很抱歉，都是我的错。就这样，宝宝在我怀里慢慢地停止了呼吸。这种失落感折磨了我很长时间。

很多人说自己看见福宝之后变得更幸福了。他们在最悲伤和最痛苦的时刻遇到了福宝，战胜了困难的瞬间，治愈了伤痛，收获了倒下后重新站起来、继续生活下去的力量。我有同感，因为我也是如此。对送走猿猴宝宝后迷失了方向的我来说，在与野生动物们一起生活的日子里，福宝再次带给了我“每天都拼尽全力”的勇气和“变得更幸福”的希望。

饲养员和野生动物的联系就是这样建立起来的，我们相互安慰，共生共存。是的，生活不可能只有幸福。悲伤也许是我们在通向幸福生活的过程中必然会遇到的。尽管如此，我们也要在悲伤中寻找幸福，培育这份幸福，用新的幸福来治愈即将来临的悲伤，然后继续前进。非常感谢福宝告诉我不要气馁，要继续前行，悲伤和痛苦可以通过幸福来治愈。我认为能获得治愈悲伤的幸福，真是一件奇迹般的事情。我们在疲惫的时候与福宝相遇，也是一个奇迹。

第2章

幸福现在正在“充电”呢！

躲猫猫

找不到小黄鹂啦！

扑哧扑哧，我正在跟宋宝玩躲猫猫，他恐怕找不到我啦！等一下，我躲在这里是秘密哟！我有自己的计划，等我听到宋宝开始唱“找不到啦，小黄鹂，你的‘芝麻’小脚出来吧”①的时候，我就会出去吓他一跳的。我不知道自己可不可以抬着一只脚跑出去，不过我真的很擅长翻滚！嘻嘻嘻，想到他一脸惊讶的表情，我就感觉很爽。如果宋宝觉得找到我太难了，我就准备在适当的时候，悄悄把脑袋伸出来一点儿，给他一些提示。你问我为什么这样做？嗯……因为要回家嘛，我不能一直这样藏着呀，嘻嘻嘻。

①在韩国，如果找不到躲藏者，负责捉的人会大喊“找不到小黄鹂啦！”。——译者注

大熊猫宝宝和气球

邀请大家来梦幻之国

我躺在宋宝做的吊床上睡午觉时，做了个梦，梦里我变成了像我一样大的气球，飘飘悠悠地旅行。从高高的天空中静静地俯瞰世界，可以找到在地上时无法看到的梦想和希望。人们看着睡午觉的我，眼里充满了爱、喜悦和幸福，这也让我心情很好。

嗯……从这边可以看到梦想。

从这边呢，可以看到希望。

把这里称为“梦幻之国”怎么样呀？

啊，当然，醒来吃竹子的时候我也很幸福。

这就是梦想和希望都在我的手中的感觉吗？

给幸福“充电”

好的睡眠质量非常重要

请稍等一下，我正在给幸福“充电”呢。虽然这需要一些时间，但我会尽量快点儿的。要想“充电”，就要紧紧闭上眼睛，保持内心平静，眼睛周围会因此变得暖暖的。眼睛周围的血液循环好，有助于恢复活力，也能让我睡得香香的。

睡觉可以在幸福能量不足时给幸福“充电”。你知道吗？听说熟睡有助于生长激素的分泌，让我的个子“蹭蹭”地长高——不过我最近总是“横着”长，这让我有点儿担心。我可以带着“再次充满电”和“把宝贵的幸福分享给全世界”的想法愉快地入睡。一个半小时左右就能“充满电”，请稍等一下。醒来后我会尽情地分享“宝物”。来来来，请排队等候吧！

爬树

与昨天的我和明天的我相见

这是我 1 岁的时候喜欢爬的树。它的粗细适当，我的前脚刚好可以抱住它。它还有可以让我柔软的身体舒服倚靠的倾斜角度，以及支撑我胖乎乎的屁股的“Y”字形树枝！正好合适呢！这里对曾经的我来说是最棒的休息场所哟。

我偶尔会来到充满回忆的地方，见见以前的我和以后的我。

这里可以说是福宝遇见福宝的地方了吧。

我现在不是在爬树，而是在浏览回忆。

我好像一下子就长大了，个头变得就像积累的回忆那样大!

下树的方法

这已经是最好的办法了！

请不要笑，我现在很严肃，这已经是最好的下树办法了。有一天，我在树上睡醒了，起身一看，发现滑梯移动了，你不知道当时我有多么惊慌。我本来准备像平时那样下去的，但是脚够不着地面。虽然我很想跳下去，但是我不会跳。我也想过就算丢脸也行，干脆“咚！”地一下掉到地上吧。但是，毕竟还有很多双眼睛在看着我嘛，感觉有点儿伤自尊心。所以我再三思考后想出来的办法就是这个，这个姿势在那种情况下是最好的了，我不会再考虑其他的办法了。来到这附近时，我的身体会比脑袋先动起来。总之，我每天用这个方法都会成功，一天用三次，感觉还可以顺便做运动，我很乐观吧？大家也养成运动的习惯吧。养成运动的习惯很重要，虽然偶尔会感觉胳膊好像脱臼了，腹肌也会像被撕裂了一样酸痛，但这只是暂时的，我可以忍受。请不要笑，这真的是最好的办法了。

要跳舞吗？

我正在天空中飞翔！

朋友们！快看！我正在天空中飞翔！

好神奇啊。宋宝一抓住我的双手，就会施展魔法。

他为了无法熟练地在天空中飞翔的我，像绅士一样亲切地抓住了我的双手。

这一瞬间，我们以广阔的天空为舞台，好像在跳只属于我们俩的华尔兹。

我只要跟随他的引导就可以了。

宋宝可以把我敦实的身体变成轻盈的羽毛。

从天上向下看到的世界对我来说充满了新鲜感。

要将这清新又令人心动的风景尽收眼底，

就要最大限度地打开瞳孔的“光圈”。

比平时更新鲜的秋天的空气，

满满地涌进鼻孔里，令我气喘吁吁。

扑腾来扑腾去。

挥舞来挥舞去。

我今天也在等待着和他的“扑腾时间”。

致秋天

你的双眼中有幸福

你，迎来了秋天

我，感到很幸福

你，享受天高云淡的秋天

我，无限地热爱着每天

你，用鼻尖轻敲着湿润凉爽的秋天

我，看到一开门就满心拥抱秋天的你，无比开心

你，那么享受秋天

我，是如此的幸福

搭乘过山车的方法

快来，你是第一次来爱宝乐园吧?

快来，妹妹，你是第一次来充满梦想和冒险的梦幻之国吧? 哎呀，你也是第一次玩现在在玩的游乐设施吧? 这是名为“T Express”的过山车，不要害怕，相信我就行了。因为爸爸和妈妈是这里的“职员”，所以我几乎每天都会过来玩。还告诉你一个秘密，其实我有“最优先搭乘权”！嘻嘻，如果你有点儿担心，看到我厚实的腰线了吧? 没事的，紧紧抓住那里吧！知道了吧? 哎呀，你问我吃的是什么吗? 这是窝头和胡萝卜，在这里很有名。虽然吉事果也很有名，但我更喜欢窝头和胡萝卜。每次来这里的时候，我就只吃这个，待会儿坐完过山车了我也给你买，吧唧吧唧。

你到底去哪里玩了，怎么弄得全身脏兮兮的啊？得好好洗洗才能出门了，这孩子。自古以来，黑毛和与之形成对比的白毛可是我们大熊猫的标志啊，弄得脏兮兮的话，会被别人笑话的，会以为你是离家出走的孩子的。啧啧（哐当哐当）！现在过山车要出发了！抓好了吗？待会儿到了最顶端再“咻！”地下去的时候，不要忘记一边尖叫，一边双手举过头顶哟！会很刺激的！闭上眼睛的话就是胆小鬼，知道了吧？好，走了！出发！

冬日沐浴 1

听说这是充满神秘感的熊猫世界迎来的第一场雪。我决定把雪堆积到一起，让福宝洗个澡。我有着“世界上最美丽的大熊猫”的称号，我的女儿却因脏兮兮的外貌而被扣上“黑熊”这个莫须有的称呼，我可忍不了。当然，她在我眼里是世界上最可爱的女儿。我让不喜欢洗澡的福宝躺在雪地上，用努力堆积起来的初雪清洗她锅巴色的绒毛。雪白的雪变成了锅巴的黄色，锅巴色的福宝变得雪白。十分不喜欢洗澡的福宝看到如此干净的自己吓了一大跳，说道：“妈妈，原来我不是黑熊！”

对了，她之前不是说要帮我搓背吗？于是，她走到我背后，用两只小手把白雪堆积起来，开始认真地帮我搓背，我确实感受到了背上凉爽的雪的触感，也感受到了福宝温暖的内心。我对她说：“小福，我的女儿最棒了！”

像雪一样洁白、干净的我们母女会一直记得这一天，并约定好了在今后每次初雪降临的日子里进行幸福的冬日沐浴！

冬日沐浴 2

我来告诉你毛色雪白的秘诀吧！

我一大早就听说下了今年冬天第一场雪的消息。外面的世界应该已经被白雪覆盖住了吧？一想到可以在雪地上翻滚，愉快地进行冬日沐浴，我就很兴奋。爱宝和福宝应该也知道了这个消息，正在准备洗澡吧？哈哈！虽然我也觉得我的女儿是世界上最可爱的，但我不喜欢她被扣上“黑熊”这个莫须有的称呼。希望爱宝可以好好地教育她。一会儿我要在雪地上展现一下我帅气的样子，这样的话福宝就会领悟到我保持全身毛色雪白的秘诀是什么了。

现在，终于到出去的时候了。门开了，哇！一夜之间，世界都变了！今年的初雪好像比以往下得更大，都堆积到我宽阔的胸膛的位置了。没关系，浓密的毛会防止我掉进雪地里的。那么现在，我要在雪白的初雪上，像模特一样迈着帅气的步伐，留下脚印，然后逐渐加速，跑起来咯！蹭来蹭去！不停翻滚！爬上爬下！哈哈！我洁白的毛怎么样？所有人的视线都集中在我身上了。呼，呼，我的呼吸变得急促起来，从鼻子和嘴里冒出袅袅的雪白的气。这是世界上最帅气的样子，对吧？稍等一下，你看到住在我对面的爱宝了吗？她变得更白，更惹人爱了。啊！我突然心脏怦怦地跳得更快了！我有点儿不好意思了。她依然让我心跳加速！哎呀！我得继续跑起来了。

和你说悄悄话？不，是亲亲

小爷爷，你上当了吧？

小爷爷宋宝说要和我一起玩，然后就拿着“三宋手机”[①]过来了。我知道他的小心思，他是想假装陪我玩，然后突然抱住似梦非梦的我，把我带回家。看看他充满调皮劲的眼神吧，我能感觉到他正打着什么小算盘呢。

所以，我撑开眼皮，打起精神对他说了悄悄话：“你不是来玩拍照游戏的吧？你是来带我回家的吧，对吧？”

①三星手机谐音。——译者注

宋宝因为内心想法被揭穿而惊慌失措的表情很可爱呢，嘿嘿。我得稍微配合一下他，装作赢不了的样子，被他带走。不过因为我现在还是想在外面多待一会儿，所以我准备用点儿必杀技，那就是融化他内心的我的亲亲！怎么样呀？看他被我亲亲后的表情，看来今天我回家的时间可以稍微延后一点儿了！嘿嘿。

双层床 2

我现在不害怕夜晚了

今天是时隔许久后和妈妈一起在二层睡觉的日子。因为我已经到了要一只熊独自睡觉的年龄，所以妈妈说虽然她会跟我一起睡，但是不会抱着我睡了。嘿嘿，不过我还是很开心，心情好好呀。妈妈跟我说，背过身去，快点儿睡觉。没事的，就算只是像这样紧贴着妈妈的后背睡觉，我也能闻到妈妈的体味，这样我就不会害怕夜晚，心里就踏实了。只是紧贴着妈妈的后背也能感受到爱，真是一件很神奇的事情呢。担心妈妈忘记我在她身后而翻身压到我的时候，我会把前脚或者后脚轻轻搭在妈妈的后背上。如果这样还不行，我就会每隔十分钟用前脚轻轻戳几下妈妈的背，或者把鼻子埋进妈妈的后背睡觉。这样就可以让妈妈睡觉的时候也能感受到我的存在了。我现在还是很喜欢和妈妈一起生活的这个地方。

苦难也是“充电”站

为了获得幸福而爬上榉树

在我想得到安慰的时候，我会去“榉树充电站”。对我来说，痛苦和悲伤会通过雷声、闪电或者雷阵雨这样的媒介找到我。感到痛苦和悲伤的时候，我也想得到安慰。我觉得，要真心安慰别人，首先自己要真正理解痛苦和悲伤。如果草率地安慰对方，反而可能给他带来更大的伤害。这绝对不是件容易的事情。“充电”需要一些时间，我会闭上眼睛慢慢呼吸，完全集中于令对方痛苦的伤口和情感。等“充电”完毕后，我会毅然来到地面，寻找那些需要安慰的人，用各种方法传达我的安慰。当然，这一切都是真心的。我感激你和我一起吃的一顿饭、一次散步、一个对视，以及一段对话。那些人也会通过感受到我的安慰而获得安抚，从而找到幸福。请不要担心，因为我的幸福会自然而然地“充满电”。我们就这样反复分享着彼此的安慰和幸福，这不就是家人嘛。我的梦想呢，是走向比现在更大的世界，成为安慰更多人、给予更多人幸福的宝物。我知道我会不断身陷逆境，我已经准备好了，也做好了觉悟。有人说现在这样也不错，但不是的，现在这样离我的梦想还远着呢。比起“我”，我会先想到“你”，比起“你”，我会先想到“我们”。我是不是有点儿酷呀？看来我是为幸福而生的，我就是这样的存在。今天的我也感谢着心中充满的珍贵的爱和喜悦，为了传递幸福而在体内填满苦难。爬上榉树所遇到的艰险与苦难也是幸福的“充电站”。

天空树电影院

乐 宝

熊生电影[①]的主人公是我

每当令我感到孤独的日子来临时，我就会独自去电影院。我家附近有一家放映很多电影的、只属于我的特别的电影院。眼镜？爆米花？饮料？嗯，我不需要准备这些，也不需要提前预订，只要欣赏每天在荧幕中上演的电影就可以。上次在看欢快的音乐片的时候，我不知不觉地从座位上站了起来，还扭了扭屁股。虽然前面偶尔会有绿油油的树叶观众和一团一团的云朵观众把荧幕遮挡住，也会有叽叽喳喳的小鸟演员们的友情出演，但是这也让我觉得演出很有韵味。有时看着被称为风的气象播报员的解说和讲述地球变暖的纪录片，我会感到非常苦恼。有时看着像淅淅沥沥的雨一样让人心酸的爱情故事，我会悲伤地入睡。有时看着如同电闪雷鸣的、轰隆作响的、让人心里咯噔的可怕的恐怖电影，我会装作没有被吓到一样打着嗝。而看到演技不亚于卓别林的主人公的搞笑表演，我也会笑得前仰后合。有时看着感性的浪漫青春电影，我会再次感受到我与爱宝深刻的爱情。有时看着如五月的阳光一般温暖人心的家庭电影，我会回想起已经被我遗忘的童年。就这样沉浸地观看了一段时间的电影，我总觉得所有东西都似曾相识。之后，我回到现实，突然醒悟，意识到只属于我的天空和树木一直在告诉我：在这个特别的电影院中，我记忆中的熊生电影的所有主人公，无论哪一个都是我自己，天空和树木也总是与我相伴。现在，电影还在持续上映，主人公依然是我！

①在韩语中，“人生XX”指对某人来说非常重要的某事，如“人生电影”“人生歌曲”。这里的“熊生电影”借用了该说法。——译者注

吃笛子的小女孩

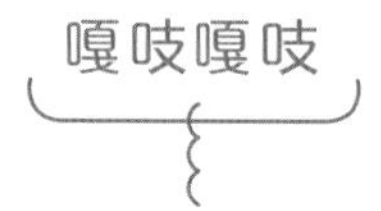

今天是站在大舞台上的日子，我要尽情发挥这段时间积蓄的实力。虽然被很多人看着让我有点儿紧张，但是我会尽力的。宋宝为了今天的这一刻，给我做了笛子。这笛子漂亮吧？从笛子与众不同的香气中我可以感受到匠人的精神。不知为何，我总想下口吃掉这笛子呢。宋宝为了缓解我的紧张，与我对视着并在帮我打拍子。

“一，二，三，四！”

好，现在我要开动啦。

嘎吱嘎吱。

嘎吱嘎吱。

熊生五格[①]

一，二，三，胡萝卜！

妈妈！妈妈！你先别吃东西，过来跟福宝拍张好看的照片吧，好不好？快点儿呀！我来教你怎么拍照。首先以仰视 45 度角看镜头，然后嘴角向上。这样照出来的头才会圆圆的，显得很漂亮。哎呀，真是的，妈妈！现在吃饭很重要吗？现在是不会重来的、只属于我们的珍贵时间，不是应该拍照留念吗，对吧？快把竹子放下，看看镜头，好不好？快点儿呀，让我们留下只属于我们的熊生五格吧！

一，二，三！

胡萝卜！

①“人生四格”是在韩国流行的一种大头贴。这里的“熊生五格”借用了该说法。——译者注

熊生五格

叫醒我的一束花

长到这么大的我，看起来怎么样呀？

宋宝有一个很稀奇的习惯，在我快要想不起来之前的礼物的时候，他就会拿一个漂亮的东西给我，间隔时间大概是 100 天。今天他用我喜欢的胡萝卜和竹子做了 5 朵漂亮的花，把花束握在了我手里。本来胡萝卜就很好吃了，现在它们看起来还很漂亮，不知道有多让我垂涎欲滴呢！我很自然地抓着花束靠着树坐下了。怎么样，我像不像这个村子的大熊猫女王呀？嘿嘿，这是让我更加闪耀的礼物，我感谢的心情是以往的百分之五百呢。

八月的竹叶代表爱

一定要记住呀

如果有人将八月的嫩竹叶一片一片收集在一起，放到你的嘴边，

就代表他很爱很爱你。

也代表他非常支持你。

你的妈妈就是这样努力在世界上找到了最大的幸福。

请记住，

在遥远的未来，在作为雌性大熊猫生活的过程中，

你如果经历了令你感到非常辛苦的事情，

甚至到了连抬起一根手指的力气都没有的时候，

一定要记得，你还有爱你的、支持你的人。

随记

带来喜悦的宝物和可爱的宝物

等待和迎接生活中从未面对过的野生动物，总是让人心跳不已。

2016 年 3 月 3 日，我们（饲养员们）怀着激动的和快乐的心情迎来了一对大熊猫。当时，爱宝和乐宝分别是 3 岁和 4 岁，还不算是成年大熊猫。所以我们希望它们先健康地、安全地适应新的环境，再茁壮成长，成为漂亮的大熊猫妈妈和帅气的大熊猫爸爸。从一开始，饲养员的目标就是帮助爱宝和乐宝这一对大熊猫相爱，繁衍第二代，在这里“生根发芽”，组建幸福的家庭。

乐宝是熊猫世界的淘气鬼。在第一次见面时，他就带着纯真的眼神亲切地向饲养员走来，一眼就可以看出他热情而随和的性格，如今他已经成长为成熟而充满雄性魅力的浪漫大熊猫。虽然乐宝现在很难与陌生人亲近，但在当时，乐宝和今天的福宝一样，欣然承担起了传播喜悦的责任——就如同自己的名字一样，他是带来喜悦的宝物。我们可以望着充满喜悦的乐宝，远离痛苦和纷扰。

爱宝对新的环境和饲养员们感到很陌生。爱宝很谨慎，也有很强的戒备心，总是用好像在深思熟虑的眼神面对着我们。她看起来可能需要一些时间，所以我决定保持足够远的距离，一点一点告诉她一些关于我的信息。在爱宝愿意接受我的时候，我给她看我的面容，向她敞开心扉，给她听我的声音，让她熟悉我的气味。然后，我对爱宝说，想和她成为长久相伴的朋友。现在，她已经成了福宝、双胞胎睿宝和辉宝的可爱的妈妈。我看着雌性大熊猫爱宝在自己的熊生道路上睿智地前进，我从中学习到了奉献和牺牲的精神，以及对子女无限的爱。在养育孩子的过程中变得更加成熟的爱宝，她本身对我们来说就是可爱的宝物。

爱宝和乐宝的相遇和如今的成果不是只靠长时间的等待就能达成的。这一对大熊猫宝宝离开中国，然后在韩国这片陌生的土地上适应、成长，在这个过程中遇到的一切，对他们来说都是第一次。他们要通过每天的艰苦努力，才能成长为成年大熊猫。

他们身边的我们也遇到了很多第一次。我们记录并密切关注着大熊猫的成长过程、他们的行动和身体变化，给予他们必要的帮助。我们也是第一次经历这一过程，所以学习到了很多关于大熊猫这种野生动物的知识，并逐渐更加了解爱宝和乐宝。因此，我们对每一天、每一件事都充满了特别的期待。饲养员和兽医，爱宝和乐宝，我们相互确认状态，努力研究现在应该知道的事情和需要做的事情。

经过了这样艰难的成长过程的爱宝和乐宝，成为了对我们来说是最可爱的、带来最多喜悦的宝物。他们从大熊猫宝宝长成了堂堂正正的成年大熊猫，同时也是韩国第一对大熊猫父母。与在韩国出生的第一只大熊猫宝宝福宝一样，与爱宝、乐宝的相遇和他们的成长对我们来说也是像奇迹一般的事情。

宋宝为养育福宝的爱宝收集了竹叶，正在喂给她吃

在熊猫世界的内场吃竹叶的乐宝

第3章

今天又长毛啦！毛茸茸、胖乎乎

竹叶卷简易说明书

我会挑选美味的竹子

果然，竹叶还是得最大限度收集起来，大口咬着吃才对味儿。为了收集好吃的竹叶呢，要先用鼻子闻闻味道，找到充满香气的竹子，抓住它们，同时用臼齿咬断。然后要在舌头的帮助下，一点一点地把叶子收集起来。这一切需要一气呵成，不是很容易哟。收集好厚度适当的河东[1]雪竹，再一口吃掉，味道极佳！我今天也会吃很多的，一直吃到我困为止。

咔嚓咔嚓，嚼啊嚼啊嚼！

①指韩国的河东郡地区。——译者注

沉睡在熊猫世界里的“福公主”

请用充满爱的亲亲唤醒我

我是熊猫世界的“国王”乐宝和“王妃”爱宝之女福宝公主。我的出生当年轰动全城，在众人的祝福声中，我长大成熊。有一天，我被竹刺扎了一下，睡着了。听说如果有真正爱我的王子出现，亲亲我的话，我就会醒过来。我能感觉到那个王子来到了我的面前。现在应该要给我一个充满爱的亲亲了吧？我要从睡梦中醒来，和他一起长久地幸福地生活下去……好奇怪啊，我怎么只听到了“咔嚓咔嚓”的声音！

“嘿！干什么呢！

快亲亲我！

我等很久啦，快点儿呀！”

福宝的解释

非常懒惰还是十分勤劳

有人看着我说："大熊猫好懒，天天就只知道睡觉，什么都不用做，命可真好啊。"我被这句意想不到的话吓了一跳。我很苦恼要怎么解释我的生活方式。没错，我整天重复着吃和睡，但是好像大家对我有点儿误会，我想解释一下，请大家仔细听。

我生来就有猛兽的身体结构和器官，但是我主要的食物是竹子，而不是肉。不过，我对竹子的消化能力不好。想要维持足够的体能，我就要多吃竹子、多睡觉，尽量减少活动。对我来说，吃东西是为了睡觉做准备，睡觉也是为了吃东西做准备。为了保持完美的饮食，我就需要最好的休息；为了完美的休息，我就需要保持最好的饮食。我是把生存放在首位的野生动物，为了生存下来，需要尽全力重复着吃和睡，尽管我看起来好像没有那么努力似的。事实上，世界上没有不拼尽全力生存的野生动物。

但是我每次只会需要多少就吃多少、睡多少，不会贪心。不要误会，我只是看起来很舒服，但我绝对不懒。大熊猫遵循着明智的生存方式和规则，只是现代社会的生活节奏太快了，是这样的生活节奏让某些人觉得我非常懒惰，但站在我的角度来说，其实我是十分勤劳的。我为什么高强度地重复吃和睡，现在的你应该知道原因了吧？

这是关于我生存的深奥故事，虽然现在也有人说我很懒，但是我其实活得“火热”。如果读完这段文字的你能够不再持有误会和偏见，理解我和其他大熊猫，那就太好啦。我今天也不会偷懒，会非常勤劳的！

核心力量

要告诉你秘诀吗?

坐在树上吃竹叶的我看起来怎么样啊?

端正、稳固的姿势是不是很帅呀?

我来告诉你保持这个姿势的秘诀吧。

就是依靠核心肌肉产生的力量！

听说这种肌肉是大熊猫天生就有的哟！

培养柔韧性

这是生活必备的

一，二！

一，二！

为了生存下来，拥有良好的柔韧性是非常重要的。

良好的柔韧性能让我能熟练地爬上树，在任何地方都可以找到舒适、称心的位置。

从高树上掉下来的时候，它也会帮助我重新站起来。

事实上，我是内心比身体更有韧性的大熊猫。想要身体和内心都变得有韧性，就要每天坚持不懈地锻炼。只有这样，我才会变得更加结实和有韧性。

希望大家也像我一样，过着身体和内心都既坚定、又有高韧性的生活。

一，二！

一，二！

Le

双层床 3

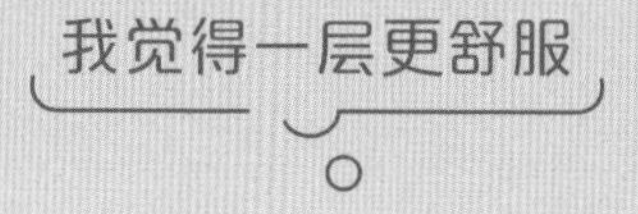

没关系的，我觉得这里很舒服。虽然看着令人难以置信，但这其实是双层床，我知道妈妈在二层。二层不会塌的吧，我妈妈可是很苗条的，胖乎乎的是我。我的腿偶尔会发麻，那时候我会在鼻子上涂点儿口水。虽然偶尔会被妈妈的“红薯”砸醒，但是想着妈妈在身边，我也就忍着了。一层的天花板再高一点儿就好了，不过现在我对睡觉不会掉到地上也很满足。嗯？你问刚才是什么声音吗？是妈妈的放屁声，不是我的啊，就请当作没听到吧，等气味消散需要一点儿时间，请稍等一下。到了和妈妈约定好一起朝左边躺下的时间了呢。咻咻！总之，我觉得在一层睡觉很舒服。

“三宋手机”

独立是什么啊?

听说过几天就是我独立的日子了，宋宝给我推荐了一款用竹子做的智能手机，叫作“三宋手机”。他说我有危险的时候可以用这个东西联系他，我不太清楚他为什么跟我说我需要这个，但是有了这部手机，我就可以和爸爸、妈妈视频通话了，一只熊的时候还可以用它解闷呢，他还告诉了我手机的很多功能和使用技巧。

好的，知道啦。我买！

所以是多少钱呢?
电话卡的合约期是多久呢?

对了！
那个，独立是什么啊……

爱 宝

爱的车站

发车时间是保密的

在想要变得幸福的日子里，我会选择独自旅行。因此，我会到充满春天气息的车站，等待一辆爱的巴士来接我。因为这辆巴士的发车时间是保密的，所以我一定会充分准备等车时吃的零食。因为停车时间很短，所以为了不错过巴士，我要时不时停止吃零食，确认巴士是否已到站。在车上的旅程相当漫长，路途崎岖。一旦上车，中途就不能下车，也不能换乘。如果慌忙搭上了到站的巴士，我就可能因为感觉落下了东西而感到不舒服，也会因为好像坐错了车而感到不安。即便如此，如果有熟练的导游引导，有经验丰富的司机按照既定的路线驾驶，我也会打开窗户，舒服地吹着风。有时，不知不觉间，我旁边会坐下一位新乘客。在他带来的充满喜悦的氛围中，我的内心也充满了爱。但是他的目的地和我的好像不同。很可惜，他下车后，乘客又只有我自己了。

我高兴地迎接着扑面而来的风景。希望能平安到达目的地，期待能有另一位让我心动的乘客上车。巴士的速度飞快，如画一般的风景从我的眼前闪过，我用全身心铭记了这一刻的满足感与沉重感。第一次乘坐这辆巴士的时候，我并不知道它有终点。看到迎面而来的新风景，我的心情很愉悦。所有的一切都多彩而神秘，这趟爱的旅程看起来似乎没有尽头。现在与最初不同了，我知道存在着必须下车的终点。

我现在在等待乘坐一辆新的巴士。我知道这辆巴士是“幸福”巴士。幸福是不容易被掌握的。但是，如果因为害怕而不去爱，就无法感知到幸福。其实离别也是一种爱。对我来说，爱的巴士总像被谁追赶着一样疾走疾停，不知何时就会离开。当抵达终点站，要从巴士上下来时，我会毫不后悔地把我拥有的所有的爱放下后再下车。也许我还有很多留恋吧。但我必须这样做。只有这样给自己留一点儿空间，才能让再次到来的爱填满内心。我今天也在爱的车站等待着，就算这一切只是让人心情愉快的想象，对我来说也是一种幸福，是让我生活下去的爱。

遇见春天咯

享受快乐的乐宝

为了与你一同享受午后慵懒的午觉
为了与你一同迎着暖风，晒着阳光
为了与你一同在绿油油的草坪上野餐

为了尽情地向你散发浪漫和魅力
为了向你散发出只属于我的香气
为了向你展示世界上最帅的一面

就这样，我看着你，感受你，亲近你
翻滚来，翻滚去
轻轻地靠近你，呼唤你

春天啊
可以来到我身边吗?
可以和我一起坐下来吗?

独立

今天是想念妈妈的日子

我每天看上去都是堂堂正正的，生活得很好，但是在想念妈妈的日子里，我就会来这里。这里是妈妈和我用各自的气味留下信件的场所，今天妈妈留下了怎样的内容呢？啊，让我不要挑剔竹子呢。让我不要“打野”，不要不吃爷爷们给的竹子，要好好吃饭。让我不要踩花，听到没听过的声音也不要吓一跳，吓到打嗝的时候就去“背背树”上——因为外面的榉树对我来说很危险，我最好不要爬到太高的地方。让我想她的时候就写气味信给她。我的确有话要对妈妈说，我要写一封气味信……对了！我有宋宝送给我的“手机”呢！我得给妈妈打个电话了，你要不要也和我妈妈通个电话呀？我妈妈的电话号码是031-2013-0713。

双层床 4

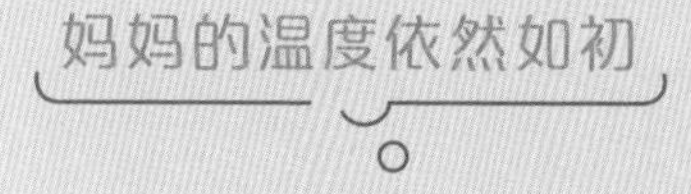

这是双层床，你还记得吧？我知道，现在二层空着了，我睡觉时再也不会被从二层掉下来的“红薯”砸到脑袋了，也不会被从二层传来的放屁声吓到了。但是，我的位置和心情还是老样子。虽然因为身体变得敦实了一些，所以腿总是会发麻，往鼻子上涂口水的次数也变多了，但我依然觉得一层很舒服，或许我感受到了从二层传下来的温度吧。虽然不能和妈妈一起睡觉，但是正在成长为坚强的大熊猫的我，依然能通过那留下的温度感觉到很幸福。所以，不要担心哦，我依然觉得这里很舒服。

爱 宝

致独立的福宝

通过气味信件传递爱意

让我来看看，我需要确认一下我的女儿福宝过得怎么样。就像所有的大熊猫一样，我也可以通过福宝留下的气味信件来感受福宝的状态。今天她在小树上留下了很多话。她说，昨天我在梯子上留下的信件，她已经认真读过了。她说有时竹子不合口味，她就会去偷其他的竹子吃。偶尔生气的时候，她会进到花坛中。现在她变得勇敢了，像小孩子一样打嗝的情况也减少了很多，真是万幸。她说“背背树”是能够感受到妈妈的最好的地方，但就算她不在那儿，而是在外面的榉树上玩耍着突然掉下来的时候，也会想起妈妈，然后坚强地站起来。她说从现在开始，想念妈妈的时候，就会给妈妈打电话……稍等一下，福宝应该是打过电话了，让我来看看，我先确认一下“三宋手机”，哎呀，有未接来电，我得赶快给我女儿回个电话了。大家以后也可以试着给福宝打电话。我女儿的电话号码是 031-2020-0720。

天真烂漫的脚步

心情好的时候蹦蹦跳跳

“墩墩啊——”

啊！小爷爷宋宝叫我了，我在他温柔的声音中，怀着激动的心情，蹦蹦跳跳地过去。宋宝总是会为我准备很棒的礼物，所以我满怀期待。

这一瞬间，我胖乎乎的屁股也变得像羽毛一样轻盈，眼睛好像能发射激光一样，视力好像都变好了，心情真不错呢。像小猪扇动鼻子发出“呼噜噜”的哼哼声一样，我的鼻子也在忙碌着。但是，请不要误会哦，我是浪漫派爸爸乐宝和可爱派妈妈爱宝生的大熊猫，我是天真烂漫的福宝。虽然宋宝总是和我开玩笑说：“我们公主的头型长得像爸爸，怎么办啊。”但是每次去见他的时候，我总是很开心，很幸福。

竹眼镜

视力好像突然变好了！

小爷爷说我的视力好像不太好，所以给我做了一副带着竹香的眼镜。哇，整个世界真的都更明亮了，看来我早该戴眼镜的。多亏了帅气的竹眼镜，我的美貌更加耀眼了！

哎哟？真的是一副好眼镜呢。

就算摘掉眼镜，我也保持着很好的视力哟！

帅气的吉他手

我弹吉他，你唱歌

我无所不能的爸爸当年是个帅气的吉他手，这你也知道吗？看到左上角我爸爸的样子了吧！抓着吉他的姿势是不是很有艺术气质？请看右上角！宋宝像摇滚明星呢！干练的长靴和工装裤应该很适合舞台！我爸爸乐宝和小爷爷宋宝，很厉害吧？

因为我每天都在念叨吉他，所以小爷爷宋宝熬了几个晚上，给我和爸爸做了吉他！托他的福，我最近正在学弹吉他。我爸爸乐宝说过，做大熊猫至少要学会一种乐器，那样长大后才能成为人气高的大熊猫。

我最喜欢的歌曲是《我们村的主题曲》！

我弹吉他，我们一起唱，怎么样呀？

♪

哎呀哎呀，大熊猫真可爱呀

只要看到你，无论哪天都是happy day

我爱你，我爱你，开心果大熊猫

你就像甜美的梦，向我走来

爸爸妈妈，哥哥姐姐也都喜欢大熊猫

只要和大熊猫在一起，无论何时都很幸福

啦啦啦，啦啦啦，喜笑颜开

Everyday happy day很开心见到你，大熊猫

Funny funny funny funny 熊猫世界

Happy happy happy happy爱宝乐园

Joy joy joy joy enjoy

Smile smile smile smile happy smile

拥抱扑通扑通激动的内心

寻找世界上最漂亮的朋友

环顾四周，开怀大笑

哈哈嘿嘿 happy today

温暖的阳光，充满美丽的微笑

在清凉的风中一起欢乐地歌唱

山鸟们也会一起跟唱

这个美丽的地方就是爱宝乐园熊猫世界

♪

梦想是成为爱宝

我会成为宝物的！

有一天，宋宝走过来问我，

问我长大后想成为什么。

我想起了妈妈，

很自信地回答了他。

我会像妈妈那样，成为“世界上最漂亮、最可爱的宝物”。

被宠爱这件事

要和我牵手吗?

被宠爱，

就是有人紧紧地牵住你的手。

随记

因为“宝家族”产生连接的我们

最近我总是在想“宝家族”对大众来说意味着什么。在福宝出生前后，人们对“宝家族”的关心和喜爱发生了巨大变化。以前，比起“宝”们的名字、特征、生活故事等详细信息，人们的视线似乎更集中在“大熊猫”这一大框架上。虽然以饲养员为代表的动物园相关负责人努力将“宝”们内心的神秘信息展现给人们，但是这些信息很难获得大家的关注。之前人们对饲养员这一职业的认识也和现在大不相同。因为人们很难把注意力集中在动物园和饲养员身上，所以我们想要讲述的野生动物的故事也很难传达给人们。但是出于对第一只在韩国出生的大熊猫宝宝福宝的喜爱，“宝家族”、动物园和饲养员也都受到了人们的高度关注和喜爱。人们的想法也改变了很多。

因为福宝，动物园的野生动物在众人的喜爱下受到了关爱和保护，通过系统性的保护项目，野生动物能够生活得更好，这进一步鲜明地展现出动物园的存在意义和价值。回想起来，度过此前的那些时间对我们来说并不容易。在福宝出生之前，饲养员、兽医和很多动物园的工作人员都付出了巨大的努力。

我还能回忆起爱宝、乐宝刚来到爱宝乐园熊猫世界的时候。在此后的5年里，为了让它们能按照大熊猫本身的习性和模式自然地生活、接触异性，充分发挥作为雌性大熊猫和雄性大熊猫所隐藏的能力，孕育第二代，竭尽全力看到世界的光芒，饲养员们经历了一段艰难的时期。我们有很多难以言表的伤痛、挫折、挣扎和悲伤，但我们必须忍耐。福宝治愈了我的伤痛。我相信大家在各自所处的环境中，也通过福宝治愈了自己的伤痛。

在过去几年，所有人都经历了一段艰难的时期。很遗憾，很多人没能来到熊猫世界亲眼看到大熊猫宝宝可爱的模样，但我们的经历和努力通过多样的渠道传播到世界各地，再次受到了关注。人们说，他们因爱宝无私的育儿过程和温柔可爱而感动；看到饲养员的真诚、努力和福宝的茁壮成长，他们也感受到了希望。在这个过程中，以福宝为中心，自然而然地形成了“宝家族”。这就是福宝和“宝家族”给大家的珍贵的宝物，我们之间也有了特别的关系。

不过，我们都知道，有爱也会有离别，有快乐就会有烦恼。

我们知道，生活中有幸福的时刻，也有不幸的时刻。我们也知道，自己终将在伤痛过后找到绽放的幸福，把幸福扩大。很多人通过看乐宝的生活找到了快乐，通过看爱宝的生活找到了爱，通过看福宝的生活找到了幸福。然后，在更深入地与“宝”们交流的过程中，进一步地关心它们。为了不让听觉敏锐的“宝”们被吓到，即便和它们接触的时间很短暂，人们也格外小心。爱动物的心渐渐发展成站在它们的立场上思考、理解、尊重它们的心，这一点非常鼓舞人心。通过观看动物，内心得到治愈，再观察动物，把幸福回报给它们，真的是很有意义的现象。我知道保护野生动物要走的路还很长，但是看到越来越多的人喜欢观察动物、了解动物，对野生动物抱有真正的爱护之情，我发自内心地高兴，觉得自己的工作意义深远。现在，我们和“宝家族”有着紧密的连接。“宝家族”带给我们的，福宝带给我们的，是与它们共生共存、紧密连接的生活。

①图上韩语为“嘘”。——译者注

第4章

请告诉我你有多爱今天的我

想听的话 1

请告诉我吧！

没关系，再走近一点吧，

来，在我耳边轻声告诉我吧。

可以说想对我说的话，

可以说平时的烦恼，

也可以说想要隐藏的秘密。

没事的，跟福宝说说吧，

福宝会帮你的。

只是，如果是想对我说的话，

我希望这句话不只是甜言蜜语，而是饱含真心的话语。

如果是烦恼，

我希望你可以不加掩饰地、直率地告诉我。

如果是想要隐藏的秘密……

嘘！对不起，听不见呢！

想听的话 2

请告诉我吧！

请告诉我吧，你有多爱今天的我。我知道，你会用我们所知道的最大的数字形容对我的爱。我还知道呢，那个数字会慢慢地、一点一点地越变越大。虽然对我们来说数字的大小并不重要，但是，今天请不要害羞，说出你有多爱今天的我。那样的话，对我们来说，今天就会成为最幸福、最特别的一天。

只属于我的笛子演奏会

嘎吱嘎吱，哩哩啦啦

把满满的竹叶收集起来，打造只属于我的舞台，我正在考虑今天要演奏什么曲目。后背倚靠着栏杆，左手握着让我幸福感满满的竹叶。因为舞台需要漂亮的装饰品，所以我右手拿着竹子。开始演奏之前，我会用一条腿一动一动地打拍子。我听到你的感叹声了，也感受到了你扑通扑通的心跳和看我的眼神。就是现在！用嘴唇轻轻含着树叶吹风，右手晃一晃竹子，绚烂的演奏会就完成啦，嘿嘿。表演不收费哦，看到你幸福的表情就已经足够了，看我眨眼睛！

嘎吱嘎吱（哩哩啦啦）

（哩哩啦啦）嘎吱嘎吱

幸福满满

不是长凳，不是躺椅，而是长椅

今天的我也是胖乎乎的，只属于我的竹子遮阳伞在烈日下守护着我，根据我的体形制作的专属“熊体工学”长椅拥抱着我的身体。这附近出了名的好吃的竹子，我也得赶紧吃完一束。啊！原来看着这样的我的你在那儿啊，和我对视了。不用了，没关系，今天不点马尔代夫[①]了，一切都很完美，没有比这更完美的了。虽然今天和昨天都是同样的一天，但我总会像刚刚来到这世界一样珍惜并充满好奇心地迎接每一天。有时我甚至会小心翼翼，那样才能将新的幸福积攒在体内，让身体变得胖乎乎。我不是因为吃多了才胖乎乎的，绝对不是。请你继续像这样看着我吧，一直像第一次看见我那样，充满好奇心地看着我。那样的话，每一天都会因为我们感到幸福而变得完美。今天我也感到超级幸福。

① “去莫吉托喝杯马尔代夫吧”是韩国电影《局内人》经典台词。——译者注

夏天专用的竹杯

用“小墩墩”融化冰杯吧！

宋宝为了让我度过凉爽的夏天，在竹杯里装了水，还把它冻得结结实实的——这杯水应该不是让我喝的。它太冰了，我无法抓得太久，抓着的手好像都要冻僵了。品尝这杯水的时候需要小心点儿，弄不好的话，舌头就可能粘在冻得结结实实的竹杯上，那样他肯定又会来嘲笑我了。喊，这次我可不会上当，我要用我厚厚的脂肪和温暖的毛大衣蹭一蹭，来融化冰杯。托宋宝的福，今年夏天我的全身都很凉爽！

幸福就在我身边

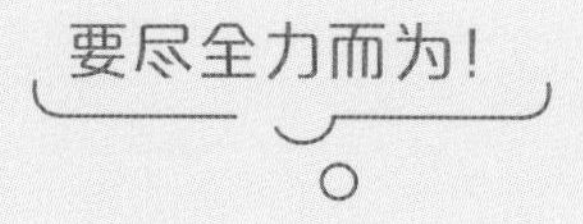

各位，幸福总是在触手可及的地方，

但这并不意味着我们可以不尽力而为。

为了获得身边的幸福，你要鼓起勇气，前进一步，

只有尽全力伸出手，才能拥有属于自己的幸福。

咻咻！

“墩牙刷”的“333”法则

牙刷这么好吃，我能怎么办啊！

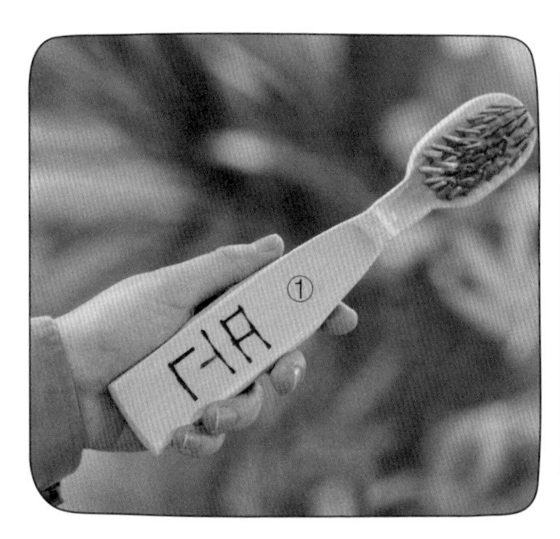

宋宝看到我的门牙变黑了，感到很担心，所以给我做了专用牙刷。牙刷柄由结实的龙游毛竹竹竿制成，刷毛的制作材料是在八月采摘的竹叶新芽。不知道是不是因为这个原因，刷牙的一瞬间，竹子的香味就在我的嘴巴里散开了。我自己也不知不觉地咬着牙刷尝味道了，竹竿和竹叶新芽都很好吃。我一天刷3次，在饭后3分钟内持续3分钟……吃牙刷。牙刷这么好吃，我能怎么办啊，嘿嘿！

①左上图中的韩语意为“墩”。——译者注

宋宝来接我啦！

可我还不想回去呢

你说什么？这么快就到回家的时间了吗？我好像刚出来没多久呢……这么快就到时间了吗？好可惜呀。哎哟，那边那个谁，请给我一小块胡萝卜，就算要走，先吃一小块胡萝卜应该没关系的……吧？那个，宋宝！请给我一根竹笋，就算要走，先吃一根竹笋应该没关系吧？再给我一根竹竿……知道了，就吃这些，嘎吱嘎吱。没错，现在正是回家的好天气，但是你能再稍微等一会儿吗？请稍等一下，我再吃一点点。啊，对了！不是说好我自己回家的吗？为什么突然出来接我啊？哦，怎么了？为什么总是推不想走的我啊？

浪漫满满

春天来了，唱首歌吗？

我在春风轻拂的草地上抱着吉他，

不由自主地唱起了歌，要听听看吗？

5月是绿色的呀，咿呀咿呀咿呀哟

胖墩墩的我长大啦

嗷嗷嗷嗷，呜呜呜呜

每天都充满喜悦

因为爱和幸福同在

那远处的爱就如同幸福一般

那份幸福，既像爱又像喜悦

到了最后，喜悦也越来越像爱和幸福

拥有爱和幸福的我
每一天都充满喜悦

双层床 5

用满满的幸福填满二层

我最近在二层睡得很好，现在这里很舒服呢。在成长过程中，我会自然而然地寻找适合我的位子。小时候，我感觉下面的一层非常宽敞。我曾经认为如果要填满那个空间需要花很长的时间，但现在那里已经成了不足以装下圆滚滚的我的充满幸福回忆的空间。偶尔我也会进去找一找回忆，就像拿出珍贵的相册翻看那样。既然我的身体变大了，胆子也变大了，那么以后我会用“福宝”之名，用幸福填满我面前更宽敞的空间，敬请期待!

幸福的疑问

和福宝在一起的每一刻都很幸福

有人问我：

“福宝带来的幸福是什么？”

我是这样回答的：

“福宝的存在本身就是一种幸福。”

请记住，

过去和福宝在一起的每一刻，

和将来和福宝在一起的每一刻，

都是幸福的。

功夫熊猫福宝

为了熊猫世界的和平，出动！

我是守护熊猫世界的正义勇士福宝！我肩负着帮助困难的人们、击退恶徒、守护村子的三大宝物——“喜悦”“爱”和“幸福”的任务。嘘！我们家世世代代都吃用营养丰富的谷物做的面包[①]，培养出了特别的超能力。我可以变身为功夫熊猫，翱翔在空中，还可以瞬间移动。那种营养面包对我们来说非常重要，为了保证充足的供应量，我们总是在烤好面包后把它们放在秘密场所冷藏。在需要的时候，我们可以吃下面包，获得力量，击退恶徒。

①即窝头。——译者注

制作营养面包的秘诀只有我知道，是我爸爸传授给我的。听说我爸爸小时候也是个了不起的勇士，当时村子里有两个需要守护的宝物，分别叫“喜悦”和“爱”。我听说一提到我爸爸的名字，恶徒们就瑟瑟发抖。啊，你问制作营养面包的秘诀吗？嗯，以后我再告诉你吧。总之，我听说如果吃了没有按照秘诀制作的营养面包，我们的身体就会变得胖乎乎的，没有力气，然后我们会进入深度睡眠，那样就无法再次使用超能力了。听说我爸爸非常喜欢吃营养面包，但是因为落入了恶徒们的陷阱，吃了不靠谱的营养面包，所以变得胖胖的，超能力也消失了。因为当时痛苦的记忆，爸爸现在吃营养面包的时候还是很谨慎，小心再小心。每当看到那样的爸爸，我就很心痛。

让爸爸落入陷阱的正是“咕咕宝”和“啾啾宝”团伙。它们最近又出现了，又在偷吃营养面包，窃取了超能力做坏事，觊觎村子里的宝物。另外，为了培植自己的势力，它们甚至还想抢夺营养面包的秘方。不行了，我不能只在一旁看着，现在轮到我出场了，终于到了为爸爸报仇的时候了！为了守护我们村子里的宝物，也为了不久后接我班的双胞胎妹妹们的安宁，我要吃一口营养面包，出动去教训恶徒了！

嗬啊！我是正义勇士功夫熊猫福宝！

熊猫世界的“福公主”

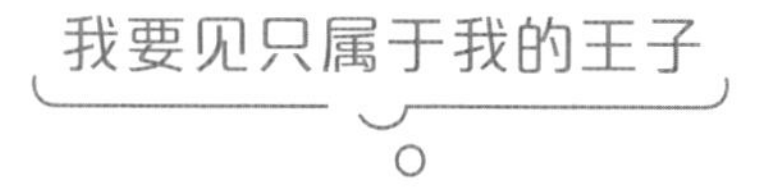

宋宝给了我一把扫帚，这样跟我说：“把放养场打扫干净，把‘红薯’也收拾干净，然后往破了的‘缸’[1]里装满水。如果需要帮助，就给蛤蟆打个电话。做完家务之后，穿上你喜欢的冰靴，去舞厅见王子。因为你不喜欢南瓜，所以你不要坐南瓜马车。但是，午夜 12 点之前一定要回来。慌乱之中也一定不要忘了把一只冰靴掉在台阶上。”听起来有点儿前言不搭后语，虽然不知道他今天为什么对我说这些话，但我还是我，还是那个希望有一天能遇到只属于我的王子，永远幸福地生活下去的“福公主”。

①指福宝平时喝水的喝水池。——译者注

Fu Bao
3

熊猫和宋！

你并不孤单

请记住，你虽然形单影只，但是并不孤单

有天空和土地，空气和风，阳光和树荫，月亮和云朵

有树木和草坪，花和香气，水和石头，小鸟和虫鸣

有动物和人类，还有……

熊猫和宋宝！

关于研究“幸福”这个课题

请不要拖延

今日的幸福就在今天享受

明日的幸福请在明天享受

不要拖延，要有条不紊地享受幸福

一天不落地享受幸福

过去的所有幸福，以回忆的方式来复习

即将到来的幸福，以激动的心情来预习

幸福的课题，一定要保存到我这里

再复印一遍，粘贴到自己的周围

然后就这样一直向前进吧

永远的大熊猫宝宝

我们和幸福相遇

战胜在爱中最痛苦、最艰难的瞬间

去寻找更深刻的幸福吧

在暂时远离喜悦的混乱世界里

去遇见治愈心灵的纯粹幸福吧

曾经只有手掌般大小

如今用尽全身力气都很难抱住的你

用你的聪明才智

去遇见果敢的幸福吧

为了赶快拥抱世界的美丽

早早睁开小眼睛

观察周围的世界

如今散发着自然的美丽

让人们体会其中的奥秘的你

去遇见感恩的幸福吧

不要因为做得过多或不足而担忧

用爱的信念和清晰的逻辑

重新做好分享的准备

去遇见美满的幸福吧

享受着每天的挑战与冒险

用充足的勇气和激动人心的成功

在世上留下善良和积极的气韵

去遇见这样的幸福吧

世上最珍贵且独一无二的宝物

也是家人的你

作为牢固的连接纽带

将我们永远联系在一起

去遇见特别的幸福吧

我总是盼望着

千万不要太快，一点一点，慢慢地

静静流逝，像恳切地诵读祷文一般

我们就那样，不管身在何处

去遇见长久且健康的幸福吧

无论光阴如何流转

我都会和大熊猫宝宝福宝

满怀幸福之情，继续走下去

你和我，还有我们

我对你来说，你对我来说

你问我，

爱不爱你。

我对你说，

我爱你。

你问我，

和你在一起幸福吗?

我对你说，

和你在一起很幸福。

你问我，

会和你在一起吗?

我对你说，

我们已经在一起了。

你问我，

会不会思念你。

我对你说，

我可能会变成一个傻瓜。

可能只会思念你的，一个傻瓜。

随记

如同母亲一般的心情

我最喜欢的瞬间，就是成为母亲的野生动物看着自己的孩子玩耍的瞬间。把孩子从婴儿期一点点带大的妈妈们应该会和我感同身受。和孩子在一起的时间和空间，和其他时候相比好像处于不同的维度。妈妈和孩子用深情的眼神彼此对望，那种眼神里包含着很多难以用人类语言形容的情愫。特别是虽然妈妈的双眼中充满了爱和幸福，但也包含着忧虑和担心。现在的幸福和对未来的担心、紧张似乎是共存的。对野生动物来说，成长和繁育的过程就是“生存”本身。这个过程绝对不容易。饲养员看着它们的时候，内心也有种被刺痛的感觉。

野生动物应该具备独自生存的能力。虽然饲养员会根据物种的特性给动物们提供帮助，但这种帮助必须最小化，饲养员需要保持冷静、头脑清醒。作为饲养员，我虽然很庆幸自己可以提供帮助，但如果我在野生动物充分具备应对能力的情况下，还在替它们做所有的事情，那这个行为就可能变成我的私心，也可能是过度的爱。所以，饲养员很难不被野生动物堂堂正正的、克服了艰难的成长和生存的过程，以及充满了母爱地看着自己孩子的眼神感动。看见野生动物母亲与孩子对视的那一瞬间，作为饲养员的我，感受到了真正的快乐和幸福。

我想讲一个我女儿蹒跚学步的故事。她站在我面前，嘴边还沾满了冰激凌。我拉着衣袖一边给她擦嘴，一边心头一阵发热。这让我想起了我小时候的样子，接着又让我想起了以充满爱的眼神看着我的母亲。我有所顿悟，感觉照顾孩子就像启动了连接过去、现在和未来的时光机一样。在照顾野生动物时，我也经历过这样的瞬间。在爱宝看向福宝的眼神中，我感受到了将记忆和当下连接起来的感情——那是记得孩童时期的妈妈的内心，是记得自己妈妈的孩子的内心。很抱歉，我现在才明白这一点，所以我会怀着无限诚意，一直守护珍贵的你，直到最后。就这样，我从野生动物身上学到了“如同母亲一般的心情”。

刚当上饲养员时，我还不太清楚应该如何以“如同母亲照顾子女一般的心情”去照顾动物。我以为只要珍惜和我在一起的动物，竭尽全力爱它们就可以了。年轻的饲养员是在关爱和照顾下生活、工作的，所以更难理解那种心情。随着时间的流逝，我也成了父亲，积累了育儿经验。看着很多野生动物成为妈妈的过程，我好像也渐渐明白了那是一种怎样的心情。不对，应该说是学习到了。作为饲养员，我需要理解动物的本性，懂得用深邃、长远的心态观察它们的一生，也要无条件地献身，肩负起巨大的责任，还需要理解人类和动物应该相互尊重、相互依存的事实。

很多人问，饲养员的工作是怎样的？我会这样回答：“与相信我是它们的‘全世界’、一直注视着我的野生动物相连接，彼此抚慰。”还有人会好奇，饲养员觉得什么样的瞬间是最令人高兴、最有意义的。我会这样回答：“无论是开心的瞬间，还是悲伤的瞬间，对饲养员来说，以母亲的心情看待野生动物的每一刻，都是快乐的。”如果被问到饲养员的工作有什么价值、有什么意义，我应该怎样回答呢？现在的我还不知道。不过我想，等回顾自己的职业生涯的时候，我应该就知道了吧。饲养员是需要与野生动物一起生活、一起成长的，不到最后一刻，就无法知道这个问题的答案。

尾声

我们是熊猫世界的“宝家族”

我给你讲一个很短的童话故事，是有关我亲爱的双胞胎妹妹们——睿宝、辉宝的，请仔细听呀。啊，稍等一下，我得戴上眼镜，我的视力不太好。我看起来不错吧？嘿嘿。对了，这副眼镜是宋宝专门用竹子为我做的特别的眼镜，还带着竹香呢，是非常神奇的眼镜。戴上了眼镜，整个世界看起来绿意盎然，连内心也会变得明亮起来。我还能看到很多人看着我，很幸福的样子。可是这副眼镜连镜片都没有呢，很神奇吧？看来这是一副魔法眼镜吧，嘿嘿。啊，对了！这不重要！话说的有点儿多了呢……准备好了吗？那么，我开始啦。

很久很久以前，在充满梦想和希望的爱宝乐园的天空中，生活着叫作“太阳”和“月亮”的可爱天使们。在那里，太阳和月亮每天轮流往天空中倾洒盛满爱意的宝物。

宝物时而散发出阳光的耀眼光芒，时而散发出月亮的明亮光芒。

但是，天空下的人们因为忙碌而感到疲惫，没能看到眼前的宝物所包含的梦想和希望。天使宝宝们说，她们感到非常惋惜。

苦恼的天使宝宝们在7月7日变成了粉红色、胖墩墩的双胞胎大熊猫宝宝，为了照亮世界，亲自来到了人们身边。世人见到长得一模一样，像可爱的小馒头的双胞胎大熊猫宝宝，欢呼雀跃着，希望眼前出现的不是幻觉。

人们恳切地祈祷着，希望像晶莹的玉珠一样耀眼的双胞胎姐妹能够一直健康地成长，成为一份给同行的人们的巨大礼物。我希望，这些闪耀的宝物所讲述的引人入胜的故事，能够治愈你日常生活中的疲惫，然后再次回到她们应该在的地方，一直像太阳和月亮那样照亮天空。

怎么样，有意思吗？

还有，

福宝我也真真切切地希望，

和我们“宝家族”在一起的各位朋友，

你们的日常生活都充满幸福。

致亲爱的福宝:

这是写给即将离开我们的你的信。我知道这一刻总有一天会到来。虽然做好了心理准备，但是接受与你分别这件事情比我预想得还要不容易。

明知道你听不懂我的话，还在写下这样的信……也许，这封信是对我自己说的话吧。但是，作为爱你的人中的一员，我还是希望可以很好地将内心的感受传达给你，希望你的未来充满幸福。

福宝，你对我来说真的是一个特别的存在。很多人在遇到困难的时候看见你，就获得了重新站起来的力量。虽然我没跟你说过，但是其实我也和他们一样。我在艰难的时期遇见了你。

在一起生活的过程中，我的伤痛一点点得到了治愈，可以再次一步一步地迈进幸福的框架里。你的存在是那么特别，我希望你的每一天都充满别样的幸福。

我相信，只要是认识你的人，他们的心情都和我的一样。谢谢你告诉我不要气馁，要继续前进。

回想一下，你不觉得很神奇吗？我们互相交流，互相联系，建立了为彼此着想的关系。那才是你给我们带来的最大的礼物。

福宝，我从一开始就知道离别会来。可能正是因为如此，为了不留下遗憾，我每天都在努力。每天与你分享爱，在与你交流的每一刻，我可以尽最大努力做到最好，在去旅行之前，我会送给你满满的幸福回忆当作礼物。

有很多人问我："告诉福宝它要离开我们，这是正确的吗？为什么要让幸福的孩子感到悲伤呢？"

我想，是时候告诉你这个故事了。

福宝，你的妈妈和爸爸远道而来，在这里度过了艰难的时期，正过着幸福的生活。现在福宝也要去追寻只属于福宝的幸福，到了出发的时刻了。

生活中的艰难困苦是无法被躲开的，任何人都会经历这样的时期。但是，如果你战胜了那个时期，你就会知道满含更珍贵的幸福的宝物也会降临。就像福宝亲爱的爸爸妈妈一样。

你现在应该能理解自己为什么要离开这里了吧，福宝？因为那个地方有福宝未来幸福的生活。

福宝，你要记住。

你的故事从一开始就注定拥有圆满的结局。

福宝，你要记住。

在你疲惫不堪的时候，你还有爱你、支持你的人。

还有，福宝。

遇见大熊猫宝宝福宝的这件事，

对我来说真是一件奇迹般的事情。

我爱你。

福宝永远的小爷爷

宋宝

作者的话

幸福的动物园

在见到大熊猫家族之前，我曾经苦恼了很久。应该从哪里说起呢？就从中韩建交 15 周年之际，与从中国来的金丝猴相遇时的 2007 年开始说吧。我成为饲养金丝猴的负责人，既是照顾它们的饲养员，也是和它们一起生活的家人。在同一年，我还参与了 20 多年来一直困难重重的黑猩猩繁育项目。随着时间的流逝，2010 年，金丝猴和黑猩猩的繁育项目终于取得了成功。虽然还有很多不足之处，但是作为饲养员和它们的家人，在帮助它们的过程中，我明白了饲养员需要准确无误地理解每个物种的特性。这些对我来说是非常宝贵的经历。

2015 年，一对大熊猫即将来到爱宝乐园熊猫世界。当时，金丝猴一家正好也生活在熊猫世界里。后来，我需要承担饲养大熊猫的工作。但是，与长期付出心血和感情的动物们离别，是非常不容易的。动物园园长给犹豫不决的我发了一封邮件。他说："正因为你是有自学经历的饲养员，所以才把这件事托付给你，拜托了。不会失败的，别担心。"读了园长饱含鼓励和建议的邮件，我坚定了作为饲养员的使命感。我学习了有关大熊猫的知识，为了理解发情期大熊猫的行为和习性，还多次前往中国和日本。就这样，我们在爱宝、乐宝的繁育技术上倾注了很大的心血。当然，这些工作是和其他饲养员以及兽医同事们一起完成的。得益于此，爱宝、乐宝成功地适应了在熊猫世界的新生活。此后，随着福宝和双胞胎睿宝、辉宝的出生，“宝家族”诞生了，而我也成了“宝家族”的一员。还记得第一次来到熊猫世界时，我内心的伤痛很深，我很苦恼自己是否做好了重新与野生动物分享感情的准备，但是现在回想起来，我很感谢自己与大熊猫的缘分，我感到很幸福。

随着福宝的出生和与“宝家族”的壮大，作为饲养员，我的生活也发生了很多变化，有更多的人开始称我为“宋宝”。为了让大众看到大熊猫们充满魅力的日常生活，我在优兔上开始更新视频栏目，并且在不年轻的年纪去学习文艺创作、专业写作。我用在优兔上发布的视频栏目和文章传播着野生动物的“神秘能力”和信息，这缩短了野生动物与大众的距离：优兔上的视频栏目可以展现饲养员与大熊猫深厚的纽带关系，而写作则能表现出大熊猫多样的情感和与它们有关的重要知识。我因此才能与大众进行更加紧密的沟通，向大众讲述珍贵的故事，拓展饲养员的业务，同时也让主业受益。当然，饲养员的基本工作已经够忙的了，饲养员们很难把时间花在新的事情上、倾注大量心血。尽管如此，我还是很高兴能够公开地、真诚地展现饲养员的角色和责任，向大众传播在保护野生动物的过程中尽管沉重但十分有价值的故事。

与被照顾的野生动物在一起生活，总是让我有一种“想成为更好的饲养员”

的想法。拍优兔的视频栏目和写作帮助我成了更好的饲养员，因为从我说的话、写的字和付出的行动中，大众可以看出我是什么样的饲养员。因此，我有了继续学习和努力的心态。作为饲养员，我想对福宝乃至“宝家族”表示感谢，是它们让我产生了把野生动物的故事传播给全世界的人的信念。我相信各位读者也会因为看到了大熊猫们的日常生活而感受到了自己的很多变化，福宝和“宝家族”的故事深入了各位的生活。各位读者感受着大熊猫们带来的喜悦和爱，现在我们也该思考它们的幸福了。以前，有位青少年游客问了我这样一个问题:“是野生大熊猫幸福，还是动物园里的大熊猫幸福呢?”当时我没能回答他，但是现在，我好像找到了答案:如果它们能在符合自身特性的环境和空间里，维持在野外生活的方式和习性，及时发挥自己的“神秘能力”，朝着正确的方向健康发展，换句话说，如果能够专注于自己的“熊生”而生活，那么在保护濒危物种的动物园里的大熊猫就可以说是幸福的。我认为这就是“宝家族”向大众传递的信息。比起特定设施的存废，现实中我们保护它们、让它们获得幸福，以及为生物的多样性做实事是更为重要的，现在应该到了你我一起进行思考的时候了。无论何时，在默默地完成自己该做的事情和野生动物身上有我们要学习的真理。我们好像已经和“宝家族”一起领悟到了很多东西，我希望被“宝家族”的生活治愈的人所怀有的关心和爱可以延伸到其他野生动物身上，让人与野生动物共存，成为“我们”，而非只有“我”。

我要表示感谢的人有很多。首先，我要向陪伴在我们身边，展现神秘能力的“疯狂动物城”的野生动物朋友们表示感谢。其次，我要向一直为了“宝”们的幸福而一起努力的熊猫世界的团队，为了“宝”们的健康而尽全力的兽医团队，还有为了思考动物们的环境和福利，为了向大众传播它们的生活而日夜辛劳的园长以及饲养员同事们，表示支持和感谢。然后，感谢自韩国迎来大熊猫起就与我们开展联合研究的中国大熊猫保护研究中心，以及所有相关工作人员。特别感谢为了福宝、容宝、辉宝而来访指导工作的吴凯、王平峰老师，还有让“宝家族”变得更加特别的粉丝们，谢谢你们感受到的“宝家族”发光的爱、喜悦和幸福。最后，我要向一直支持我的家人表达诚挚的爱意。

FuBao

著作权合同登记号 图字:01-2024-0794

图书在版编目(CIP)数据

全知福宝视角 / 韩国爱宝乐园, (韩) 宋永宽, (韩) 柳汀勋著 ; 四喜, 小黄蓝译. — 北京 : 北京科学技术出版社, 2024.5
ISBN 978-7-5714-3737-4

Ⅰ. ①全… Ⅱ. ①韩… ②宋… ③柳… ④四… ⑤小… Ⅲ. ①大熊猫—摄影集 Ⅳ. ①Q959.838-64

中国国家版本馆CIP数据核字(2024)第054908号

策划编辑：马心湖 陈憧憧
责任编辑：田 恬
责任校对：贾 荣
装帧设计：尹兴松
图文制作：西贝二木木
责任印制：李 茗
出 版 人：曾庆宇
出版发行：北京科学技术出版社
社　　址：北京西直门南大街16号
邮政编码：100035
电　　话：0086-10-66135495(总编室)
　　　　　0086-10-66113227(发行部)
网　　址：www.bkydw.cn
印　　刷：北京顶佳世纪印刷有限公司
开　　本：787 mm × 1092 mm　1/16
字　　数：76 千字
印　　张：15.5
版　　次：2024年5月第1版
印　　次：2024年5月第1次印刷

ISBN 978-7-5714-3737-4

定　　价：128.00元

爱宝乐园动物园与中国野生动物保护协会、中国大熊猫保护研究中心共同致力于保护大熊猫。